GEORGES LEMAÎTRE
ET LA THÉORIE DU BIG BANG

— Qu'y avait-t-il au commencement de l'univers ?

par Pauline Landa

50MINUTES

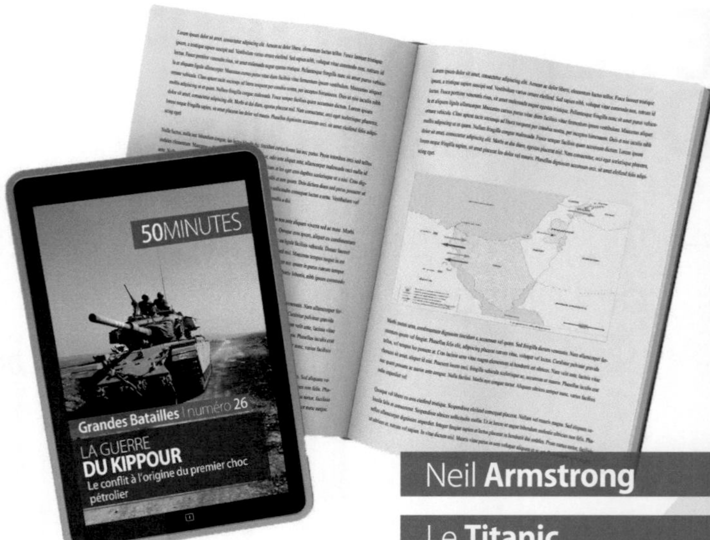

GEORGES LEMAÎTRE ET LA THÉORIE DU BIG BANG

- **Naissance ?** Le 17 juillet 1894 à Charleroi (Belgique).
- **Mort ?** Le 20 juin 1966 à Louvain (Belgique).
- **Apports importants ?** Diverses théories qui permettent une avancée certaine dans les recherches sur l'univers et son origine, telles que celles portant sur l'univers en expansion (1927) ou encore celle de l'atome primitif (1931).
- **Répercussion de ses recherches ?** La théorie du Big Bang est toujours d'actualité et a permis l'ouverture d'un nouveau champ de recherche : la cosmologie moderne.

De tout temps, l'homme a cherché à comprendre le monde et, par extension, l'univers qui l'entoure. Au fil des siècles, différentes théories se sont succédées suivant les mœurs de chaque époque et ont donné lieu à des manières de concevoir l'univers qui n'étaient pas toujours en accord avec les autorités religieuse et politique. Qui aurait pu croire au temps de Galilée (astronome et physicien italien, 1564-1642), condamné par l'Église romaine pour ses écrits favorisant l'héliocentrisme, que c'est à un abbé, le Belge Georges Lemaître, que l'on doit l'invention de la théorie du Big Bang, toujours en vigueur de nos jours.

La théorie dite de l'atome primitif, fondée en 1931, date l'origine de l'univers à 13,7 milliards d'années. Georges Lemaître imagine que l'univers était alors compressé dans un unique atome – cette partie de la théorie a aujourd'hui été réfutée – qu'un choc cosmique aurait permis de se désintégrer en une multitude d'électrons, de photons, etc., qui auraient donné naissance à l'univers tel que nous le concevons aujourd'hui. Georges Lemaître est en la matière un véritable précurseur, d'autant plus que les scientifiques de l'époque étaient persuadés que l'univers a toujours existé et qu'il n'y avait donc pas de sens à en chercher un début. Suite à la publication de ses recherches, tous devront pourtant revenir sur leurs positions et accepter cette nouvelle théorie qui va profondément marquer la cosmologie et la physique des XXe et XXIe siècles.

CONTEXTE

UN MODÈLE UNIQUE POUR L'UNIVERS ?

On ne peut parler de Georges Lemaître sans évoquer au préalable l'un des plus grands scientifiques du XXe siècle, Albert Einstein (1879-1955). C'est notamment grâce à sa théorie de la relativité générale (1915) que Lemaître mettra au point sa théorie de l'atome primitif. Avant la période du « tout est relatif », les scientifiques se sont attachés depuis l'Antiquité à chercher à comprendre le monde qui les entoure en proposant un modèle de l'univers capable de l'expliquer.

Avec Aristote (philosophe grec, 384-322 av. J.-C.) et Ptolémée (astronome grec, vers 100-vers 170), c'est la conviction d'un modèle géocentrique, dans lequel la Terre se trouve au milieu de l'univers, qui prévaut et qui persistera jusqu'au XVIe siècle. À cette époque, on assiste à une remise en cause du modèle en faveur de l'héliocentrisme par des savants comme Giordano Bruno (philosophe italien, 1548-1600) et Galilée, ce qui ne se fait pas sans confrontation avec les autorités religieuses. Le premier sera brûlé vif, le second condamné par l'Église. Les idées font malgré tout leur chemin dans la communauté scientifique et nourrissent les débats.

C'est finalement Albert Einstein qui, près de trois siècles plus tard, libère les chercheurs de cette quête d'un modèle unique puisque, pour lui, il n'y a pas lieu de préférer un modèle à un autre. En effet, chaque modèle repose sur un système de référence cohérent et il n'est dès lors pas nécessaire d'en choisir un seul puisqu'il ne sera pas plus valide qu'un autre. Selon lui, aucun modèle unique ne pourrait englober à lui seul la totalité de l'univers.

En 1927, Georges Lemaître, très intéressé par les travaux sur la relativité, prend la suite des calculs d'Einstein dans son article « Un univers homogène de masse constante et de rayon croissant, rendant compte de la vitesse radiale des nébuleuses extra-galactiques » et y décrit un univers en expansion dont la densité de matière tend dans le passé vers moins l'infini. Mais sa théorie de l'univers en expansion enthousiasme peu le monde scientifique, et Albert Einstein la qualifie même d'abominable. Il faudra attendre 1929 pour que l'astronome américain Edwin Hubble (1889-1953) et sa loi éponyme imposent cette idée d'expansion à toute la communauté scientifique.

L'UNIVERS NE S'EST PAS FAIT EN SEPT JOURS

Si aujourd'hui on conçoit tout l'intérêt de dater l'origine de l'univers, cela n'était pas le cas du temps de Georges Lemaître. En effet, en ce début de XXe siècle persiste encore l'interdit d'évoquer en cosmologie des notions métaphysiques pouvant relever de la religion, telles que le tout, le temps, l'origine, etc. Les grands cosmologues de l'époque, dont Albert Einstein, se refusent de penser à l'idée qu'il existerait un moment précis qui aurait vu l'apparition de l'univers. C'est donc Lemaître qui, le premier, évoque l'idée de son origine suite à sa lecture d'un article d'Arthur Eddington (astronome et physicien anglais, 1882-1944) traitant de la fin du monde.

Partant du postulat qu'il existe une énergie constante distribuée en quanta (les quantités minimales de l'énergie) dans l'univers et que ce nombre de quanta augmente toujours, si l'on s'intéresse au passé de l'univers, on peut considérer que l'on trouvera un nombre de quanta toujours de plus en plus faible jusqu'à arriver à un quantum unique dans lequel tout l'univers serait concentré. C'est ainsi qu'est née la théorie de l'atome primitif en 1931, que l'on retient aujourd'hui sous le nom de la théorie du Big Bang.

LA VIE DE GEORGES LEMAÎTRE

Photo de Georges Lemaître prise à l'université catholique de Louvain.

DES PRÉDISPOSITIONS POUR LES SCIENCES

Né dans une famille de la bourgeoisie catholique le 17 juillet 1894 à Charleroi, Georges est le premier enfant de Joseph Lemaître, universitaire et directeur d'une verrerie et marbrerie, et de Marguerite Lannoy, fille d'un brasseur. Rien dans son environnement familial ne le prédestinait à rentrer dans les ordres ni à se consacrer aux sciences mathématiques et physiques.

Il passe sa scolarité dans une école chrétienne de la ville avec ses frères. En 1904, il commence des humanités gréco-latines au collège jésuite du Sacré-Cœur où il perçoit l'alliance possible entre foi et science. Très vite, il excelle en mathématiques, physique et chimie. Alors qu'il n'a que 9 ans, il projette de partager équitablement sa vie entre la science et Dieu. En 1910, sa famille s'installe à Bruxelles et Georges poursuit ses études au collège Saint-Michel où il suit des cours préparatoires pour mener des études de haut niveau. À la demande de son père, il passe l'examen d'admission aux Écoles d'ingénieurs et laisse le sacerdoce pour plus tard.

UN PARCOURS INTELLECTUEL ET SPIRITUEL

Dès l'âge de 17 ans, il commence ses études d'ingénieur à l'université catholique de Louvain. Mais son cursus est interrompu par la Première Guerre mondiale (1914-1918). Peu de temps après le début des combats, il s'engage en tant que volontaire dans l'artillerie. Il en sortira avec la Croix de guerre pour ses combats menés durant la bataille de l'Yser. C'est cette épreuve qui confortera son besoin de concilier ses vocations religieuse et scientifique.

À la rentrée 1919, il retourne sur les bancs de l'université et délaisse sa formation d'ingénieur pour suivre une nouvelle orientation : les sciences physiques et mathématiques. Il obtient en 1920 sa candidature de mathématiques ainsi que son diplôme de bachelier en philosophie thomiste (c'est-à-dire inspirée de la pensée de saint Thomas d'Aquin). C'est cette même année qu'il rentre au séminaire de Malines et présente sa thèse mathématique. Fasciné par la théorie de la relativité d'Einstein pourtant peu étudiée en Belgique, Georges Lemaître prépare en parallèle un mémoire portant sur la relativité et la gravitation en vue d'obtenir une bourse de voyage. Trois années plus tard, Georges est ordonné prêtre et reçoit sa bourse du Gouvernement belge pour étudier à l'étranger.

DES VOYAGES FORMATEURS

Le jeune prêtre s'envole pour Cambridge en Angleterre où il étudie l'astronomie stellaire sous la tutelle du célèbre astrophysicien Arthur Stanley Eddington qu'il admire. Il traverse ensuite l'Atlantique et se rend au Harvard College Observatory pour travailler avec Harlow Shapley (astrophysicien américain, 1885-1972) sur les nébuleuses (astres peu lumineux et statiques). Enfin, il se rend au Massachusetts Institute of Technology (MIT) pour commencer une thèse sur les champs gravitationnels dans les fluides en relativité générale.

Durant ses années de formation, Georges Lemaître a la chance de baigner dans un milieu intellectuel très actif et de rencontrer les pontes de la physique contemporaine. De retour en Belgique à l'été 1925, il est chargé de cours à la faculté des sciences de l'université de Louvain, mais continuera à se rendre aussi bien en Angleterre qu'aux États-Unis pour participer à des assemblés ou pour poursuivre son parcours académique. En 1927, le MIT accepte sa thèse et le fait docteur en sciences physique. L'université de Louvain le nomme professeur la même année, chaire qu'il occupera jusqu'en 1964.

UN HOMME, DEUX CHEMINS DE VÉRITÉ

Tout au long de sa vie, Georges Lemaître se dévouera à la religion catholique et à la science. Ces deux chemins de vérité peuvent paraître incompatibles, mais, pour lui, il est tout à fait envisageable d'effectuer des recherches sur le commencement de l'univers sans devoir remettre en cause la foi catholique qui est la sienne. Si sa théorie de l'atome primitif tend à expliquer le début de l'expansion de l'univers, la cosmologie doit laisser la place libre à la religion pour expliquer la création du monde. Il y a pour lui deux vérités qui sont indépendantes l'une de l'autre. Sa double formation scientifique et religieuse lui attirera toutefois la méfiance et le rejet d'une partie de la communauté scientifique. Pourtant, personne ne peut contester la qualité de ses recherches et sa quête de la « double conception » de la vérité, où religion et science sont séparées et visent des niveaux différents de compréhension : il oppose ainsi le commencement, qui est une notion physique, à la création, qui est pour sa part un concept philosophique.

Incroyable mathématicien, Georges Lemaître a toujours eu besoin de confronter la théorie avec l'observation. Ainsi, il ne se contente pas d'émettre des hypothèses valables, mais en vérifie les fondements à travers l'expérience. C'est ce trait de caractère qui le distingue des autres scientifiques de son époque et c'est ce qui lui permet d'avancer d'une manière significative dans ses recherches.

Georges Lemaître décède des suites d'une leucémie le 20 juin 1966 à Louvain, non sans avoir appris quelques jours auparavant qu'une observation céleste du rayonnement cosmologique est venue confirmer de manière certaine le caractère explosif de la naissance de l'univers qu'il évoquait dans sa théorie de l'atome primitif déjà vieille de 30 ans.

LES THÉORIES DE GEORGES LEMAÎTRE

L'APPORT D'EINSTEIN ET DE FRIEDMANN

Bien que Georges Lemaître soit le père incontesté de la théorie du Big Bang, deux autres scientifiques ont également joué un rôle-clé dans l'établissement de cette théorie qui a révolutionné la cosmologie moderne. Les recherches de Lemaître s'inscrivent en effet dans un contexte scientifique bien précis.

C'est Albert Einstein qui, le premier, ouvre la voie avec la relativité générale (1915), qui est une nouvelle théorie de la gravitation. Selon lui, c'est la gravitation entre les objets qui donne à l'univers sa structure. Albert Einstein va également écrire les équations gouvernant les propriétés physico-géométriques de l'univers qu'il considère comme statique (à savoir que la taille totale de l'univers n'évolue pas au fil du temps). Ces équations permettent de déterminer la façon dont l'espace se modifie au cours du temps, en fonction de la quantité de matière et d'énergie qui y évoluent.

Le physicien et mathématicien russe Alexandre Friedmann (1888-1925) trouve quant à lui les solutions à ces équations qui décrivent la variation de l'espace dans le temps. Il émet la possibilité d'un commencement de l'univers dans la singularité et, par extension, d'une fin de l'univers. Friedmann prédit également l'âge de l'univers à 10 milliards d'années. Or, dans les années vingt, les approximations des scientifiques ne dépassaient pas le milliard d'années.

Nourri des théories d'Einstein lors de son voyage d'études à Cambridge, Lemaître s'intéresse à son tour aux équations que propose le physicien allemand et ajoute sa contribution à la nouvelle cosmologie qui se met en place et que l'on peut nommer cosmologie relativiste.

LA THÉORIE DE L'EXPANSION DE L'UNIVERS (1927)

Le chercheur belge parvient à résoudre, indépendamment de Friedmann, les équations proposées par Einstein et y trouve des solutions cosmologiques non statiques. Il attribue à la constante cosmologique présente dans l'équation d'Einstein une force de répulsion cosmique qui force les particules de l'univers à se séparer au fil du temps. Il aura l'audace de tenir compte d'observations américaines de l'époque sur les vitesses des nébuleuses qui lui apporteront la preuve que l'expansion de l'univers est bel et bien réelle.

C'est ainsi qu'en 1927, Georges Lemaître publie son article fondamental « Un univers homogène de masse constante et de rayon croissant, rendant compte de la vitesse radiale des nébuleuses extra-galactiques ». Ce titre peu évocateur pour les non-initiés indique qu'il lie l'expansion de l'univers avec les observations sur les vitesses des nébuleuses. Lemaître y évoque un univers en expansion et qui, quand on remonte suffisamment loin dans le temps, se rapproche de la solution statique d'Einstein. Cette théorie, puisque basée sur des observations, est présentée comme étant la solution aux équations d'Einstein. L'article de Lemaître n'obtient toutefois pas le succès qu'il aurait dû recevoir, Einstein lui-même n'étant pas convaincu par sa théorie. Il faut attendre

1930 pour qu'Eddington comprenne la portée du travail de son ancien élève. C'est d'ailleurs grâce à celui-ci que l'idée d'un univers en expansion fait son chemin.

LA THÉORIE DE L'ATOME PRIMITIF (1931)

Dans le prolongement de cette idée d'expansion de l'univers, Georges Lemaître met en avant l'idée qu'à ses débuts, l'univers devait être beaucoup plus dense. Puisque l'univers ne fait que s'étendre au fil du temps, si l'on remonte le temps suffisamment loin dans le passé, l'univers serait dès lors de moins en moins étendu, ce qui l'amène à réfléchir à l'origine de l'univers. Selon lui, l'expansion de l'univers aurait débuté à partir d'un état initial singulier, celui de l'atome primitif. C'est dans son article « L'expansion de l'espace », publié dans la *Revue des questions scientifiques* en 1931, qu'il développe cette idée. Là encore, il se base sur des observations.

Pour lui, l'existence même des nébuleuses signifie qu'auparavant l'univers a connu des processus de contraction. Ainsi, deux forces cosmiques opposées sont à l'origine de la naissance du monde : la gravitation, attractive, et la constante de cosmologie, répulsive. L'évolution de l'univers se serait faite en trois phases :

- la première consiste en une expansion rapide de type explosif suite à la désintégration de l'atome primitif ;
- la deuxième est une période de ralentissement durant laquelle la densité de matière et la constante cosmologique s'équilibrent. C'est lors de cette phase que les grandes structures de l'univers telles que les étoiles, les galaxies et les amas se forment ;
- ces formations vont déranger les conditions d'équilibre et amener à la dernière phase, une seconde expansion rapide.

Cette théorie de l'atome primitif ne satisfait ni Einstein ni Eddington, car, pour eux, il est impensable de parler du commencement de l'univers puisque celui-ci est statique. Georges Lemaître va devoir convaincre ses maîtres à penser. En s'aidant de la toute récente mécanique quantique, le prêtre belge se propose d'expliquer l'origine du monde du point de vue de la théorie quantique. Il insiste sur les deux principes de la thermodynamique (branche de la physique dont l'objet d'étude se rapporte aux systèmes où interviennent des variations de la quantité de chaleur au fil du temps) :

- l'énergie existe en quanta distincts mais dont le total d'énergie demeure constant ;
- le nombre de quanta augmente sans cesse.

En remontant dans le temps, nous retrouvons donc un plus petit nombre de quanta mais qui contient toujours toute l'énergie de l'univers, jusqu'à remonter à un quantum extrêmement concentré en énergie, l'atome primitif. L'idée novatrice de Lemaître est d'avoir lié le monde de l'infiniment grand (l'univers) à celui de l'infiniment petit (l'atome).

Si l'idée de Lemaître, qui vise à expliquer l'expansion de l'univers comme étant due à une explosion initiale, est encore d'actualité, sa théorie selon laquelle tout l'univers était au départ contenu dans un unique atome qui s'est désintégré est aujourd'hui remise en cause. Les physiciens penchent plutôt à l'heure actuelle pour une sorte de nuage de particules élémentaires (les quarks et les leptons) qui se sont condensées petit à petit, ce qui a libéré de l'énergie et a donné à l'univers son impulsion de départ. Ils lui reconnaissent l'existence d'un rayonnement fossile, trace de l'explosion initiale, mais qui ne provient plus, comme le pensait Lemaître, d'une traînée de particules propulsées par la désintégration de l'atome initial mais d'un rayonnement électromagnétique.

LE RESTE DE SON ŒUVRE

Après avoir fourni les deux théories qui formeront ce qui est communément appelé la théorie du Big Bang, Georges Lemaître a continué ses recherches cosmologiques. Plusieurs de ses intuitions ont d'ailleurs été confirmées *a posteriori* par le monde scientifique. Elles concernent aussi bien les trous noirs et l'énergie du vide que l'hypothèse d'un univers à dimensions supplémentaires.

Après la Seconde Guerre mondiale (1939-1945), Georges Lemaître va progressivement se retirer du monde de la recherche internationale en limitant ses déplacements. Il va également abandonner la recherche en cosmologie pour un autre domaine qui lui tient particulièrement à cœur et où il fera preuve d'un véritable talent, le calcul numérique sur machine.

Malgré l'importance de ses autres travaux, il reste avant tout connu pour avoir été à l'origine de cette cosmologie relativiste qui se caractérise par trois grands principes :

- l'univers est en expansion ;
- l'univers a une origine ;
- la physique quantique (science de l'infiniment petit) et l'astronomie (science de l'infiniment grand) sont liées dans la compréhension de l'univers.

LA CHRONOLOGIE DU BIG BANG

Depuis les articles écrits par Lemaître, les scientifiques se sont succédés et ont revu et corrigé sa conception de la théorie du Big Bang. Voici donc l'état actuel des connaissances sur le commencement de l'univers.

L'univers commence il y a 13,7 milliards d'années dans un milieu très chaud, c'est-à-dire 1032 kelvins (+/ – 758 °C). L'univers n'est alors composé que de photons, de particules élémentaires et de leurs antiparticules. Un premier choc cosmique – le fameux Big Bang – va voir les particules et les antiparticules s'annihiler, laissant un petit excédent de matière qui donnera naissance à l'univers. Pendant les trois premières minutes, les protons et les neutrons vont se former grâce à la présence de quarks (particule élémentaire de matière). Il faudra attendre plus de 380 000 années pour que l'univers se refroidisse. C'est alors que la lumière va se libérer de la matière par ce que les scientifiques appellent le rayonnement cosmologique. Les galaxies vont se former suite aux effondrements gravitationnels des nuages de poussière. Enfin, les étoiles vont naître et s'entourer des planètes.

LE SAVIEZ-VOUS ?

Ce rayonnement cosmologique est encore observable aujourd'hui et constitue un vestige de l'époque du début de l'univers. Ce sont les physiciens américains Robert Wilson (1936-2002) et Arno Penzias (né en 1933) qui vont observer pour la première fois en 1965 ce rayonnement thermique cosmologique. Cette découverte est d'autant plus heureuse qu'elle fut accidentelle, puisque les physiciens travaillaient à l'origine sur un nouveau type d'antenne téléphonique. Leur trouvaille a permis aux détracteurs de la théorie du Big Bang de se rallier à celle-ci.

À la suite de Georges Lemaître, des physiciens ont trouvé des équations permettant de décrire l'univers jusqu'à 10^{-43} secondes après le début de l'univers. Cette période qui sépare l'hypothétique temps zéro jusqu'à 10^{-43} secondes s'appelle l'ère de Planck, en hommage à Max Planck (physicien allemand, 1858-1947), et n'est pas explicable par les théories actuelles, puisque les notions d'espace et de temps ne sont pas encore définies. De ce moment-là, nous ne savons rien.

LA RÉCEPTION DANS LE MONDE SCIENTIFIQUE : ENTRE CONTINUITÉ ET CRITIQUES

La théorie du Big Bang apparaît à un moment de crise cosmologique dans la communauté scientifique quant à la représentation que l'on se fait de l'espace. L'apport de Georges Lemaître, aidé des scientifiques relativistes, va donner lieu à une véritable révolution scientifique – qui essuiera quelques critiques cependant –, puisque c'est une toute nouvelle conception de l'univers qui y est proposée.

Même les maîtres à penser de Lemaître, Einstein et Eddington, restent dubitatifs face à la théorie de l'expansion. Il faudra dix ans pour qu'Einstein accepte l'idée d'un univers en évolution, mais il n'admettra jamais la théorie de l'atome primitif car, pour lui, le prêtre belge s'inspire de la Création biblique, ce qui n'est pas acceptable pour une théorie scientifique. Dans les années quarante, la théorie est même discréditée parce qu'elle n'a encore été confirmée par aucune observation. Par manque de preuves, elle se verra concurrencée par deux nouvelles théories : la résurgence de la cosmologie newtonienne et la théorie de l'état stationnaire.

Il faudra attendre 30 ans pour que la majorité de la communauté scientifique reconnaisse les apports de Georges Lemaître à la cosmologie moderne. C'est notamment grâce à George Gamow (physicien américain, 1904-1968) que la théorie du Big Bang va pouvoir rayonner. Auteur prolifique, il s'intéresse à l'astronomie et en particulier à l'évolution des étoiles. Dans un texte écrit en 1948, il développe le modèle d'univers radiatif chaud. En accord avec les dires de Lemaître quant à un début de l'univers très dense, George Gamow ajoute que celui-ci est également très chaud. La notion de température permet de faire un lien essentiel entre la cosmologie et la physique des particules à haute énergie. Il affirme que tous les éléments de l'univers ont été produits durant les premières phases très chaudes de son expansion. Aidé de ses collaborateurs, Gamow calcule qu'à une époque tardive où la température s'est refroidie, l'univers est devenu transparent et a laissé échapper une lumière qui serait encore visible aujourd'hui : c'est le rayonnement cosmologique.

Par la suite, et grâce notamment aux perfectionnements des outils astrophysiques, les générations de scientifiques suivantes ont pu trouver des données qui vérifient les modèles de Lemaître et de Friedmann. Depuis février 2003, le satellite Wilkinson Microwave Anisotropy Probe a permis de calculer avec une très grande précision l'âge de l'univers et son contenu d'énergie. Le modèle de Georges Lemaître ne peut dès lors plus être remis en question dans l'état actuel des connaissances.

LA RÉCEPTION DES THÉORIES DE LEMAÎTRE DANS LE MONDE

Les années trente sont synonymes de crises suite à la Grande Dépression (1929), ce qui amènera les médias américains à s'intéresser aux découvertes faites en cosmologie, percevant en elles un moyen de divertir un public démoralisé. Georges Lemaître devient donc célèbre dès 1932, alors qu'on l'oppose dans la presse à Albert Einstein. Cependant, il sera vite oublié du grand public, et d'autres scientifiques vont se voir attribuer à tort les mérites de Georges Lemaître. Il faut dire que celui-ci ne recherchait pas la notoriété et était connu pour son humilité dans la sphère publique.

QUE RESTE-T-IL DU BIG BANG ?

La théorie du Big Bang telle qu'elle a été pensée par Georges Lemaître reste toujours d'actualité. Elle est à la base même de notre cosmologie moderne, de notre façon de voir et de comprendre l'univers. Grâce à lui, il est désormais possible d'allier la recherche scientifique et la pensée religieuse. Le commencement du monde peut ainsi devenir un objet scientifique indépendant de toute conviction religieuse.

Si aujourd'hui le nom de la théorie a supplanté celui de son inventeur, Georges Lemaître reste tout de même connu dans le monde scientifique. Un astéroïde (1565) porte en effet son nom depuis sa découverte par un astrophysicien belge en 1948, et l'université catholique de Louvain lui a rendu hommage en donnant son nom à un auditoire ainsi qu'à son institut d'astronomie et de géophysique. Plus récemment, l'agence spatiale européenne a fait de même avec son dernier véhicule automatique de transfert aérien envoyé dans l'espace le 30 juillet 2014.

LE SAVIEZ-VOUS ?

The Big Bang Theory, la célèbre série américaine datant de 2007, relate la vie de quatre chercheurs en sciences physiques. Elle se déroule aux États-Unis, à Pasadena, la ville même où Georges Lemaître a rencontré plusieurs fois Albert Einstein au California Institute of Technology.

EN RÉSUMÉ

- En instaurant une nouvelle façon de penser l'univers, Albert Einstein, Alexandre Friedmann et Georges Lemaître sont à la base d'une véritable révolution scientifique.
- Georges Lemaître est à l'origine des trois idées de la cosmologie nouvelle ou relativiste à savoir que l'univers a une origine, qu'il est en perpétuelle expansion et que la physique quantique (science de l'infiniment petit) et l'astronomie (science de l'infiniment grand) sont liées dans la compréhension de l'univers.
- La théorie de l'expansion de l'univers et celle de l'atome primitif sont aujourd'hui connues sous le nom de théorie du Big Bang.
- Le commencement de l'univers s'est effectué en trois phases : un choc cosmique explosif qui a permis une expansion rapide, suivie d'une longue période de refroidissement où l'univers continue de s'étendre et d'une seconde expansion rapide.
- Malgré les critiques, les idées de Lemaître ont pu être confirmées par la découverte du rayonnement cosmologique en 1965, déjà prédit par Gamow.

POUR ALLER PLUS LOIN

SOURCES BIBLIOGRAPHIQUES

- ENGEL (Vincent), *Le prêtre et le Big Bang*, Paris, JC Lattès, 2013.
- « Georges Lemaître », in *Université catholique de Louvain*, consulté le 3 mai 2015.
  https://www.uclouvain.be/316446.html
- LAMBERT (Dominique), *Un atome d'Univers. La vie et l'œuvre de Georges Lemaître*, Bruxelles, Racines/Lessius, 2000.
- LUMINET (Jean-Pierre), *L'invention du Big Bang*, Paris, Seuil, 2004.
- ROBREDO (Jean-François), *Les métamorphoses du ciel. De Giordano Bruno à l'Abbé Lemaître*, Paris, PUF, 2011.

SOURCES COMPLÉMENTAIRES

- KOYRÉ (Alexandre), *Du monde clos à l'Univers infini*, Paris, Gallimard, 1988.
- LEMAÎTRE (Georges), « Un univers homogène de masse constante et de rayon croissant, rendant compte de la vitesse radiale des nébuleuses extra-galactiques », in *Annales de la Société scientifique de Bruxelles*, t. 47, 1927, p. 49-59.

SOURCE ICONOGRAPHIQUE

- Photo de Georges Lemaître prise à l'université catholique de Louvain. La photo reproduite est réputée libre de droits.

www.50minutes.com

Éditeur responsable : Lemaitre Publishing
Rue Lemaitre 6 | BE-5000 Namur
info@lemaitre-editions.com

ISBN ebook : 978-2-8062-6854-9
ISBN papier : 978-2-8062-6855-6
Dépôt légal : D/2015/12603/371
Photo de couverture : © baldas1950 - Fotolia.com.

Conception numérique : Primento,
le partenaire numérique des éditeurs